N° 2 (Série Rose)

COMMENT
ON INSTALLE
ET ADMINISTRE
UN CINÉMA

(2ᵉ Edition)

CHARLES-MENDEL, Éditeur, 118 et 118 bis, Rue d'Assas - PARIS

LA

BIBLIOTHÈQUE GÉNÉRALE
DE CINÉMATOGRAPHIE

éditée

sous la direction de CHARLES-MENDEL

embrasse tout l'ensemble

des connaissances Cinématographiques

LE CATALOGUE EST ENVOYÉ SUR DEMANDE

Le Comptoir d'Édition de CHARLES-MENDEL se charge d'éditer, soit à ses frais, soit pour le compte de MM. les Auteurs tous les ouvrages se rattachant à la Cinématographie.

REVUE MENSUELLE

du

COMMERCE ET DE L'INDUSTRIE CINÉMATOGRAPHIQUES

Abonnements : France : **3 francs**: Étranger : **3 fr. 75**

Sur demande un numéro est envoyé à titre de spécimen

---

118 & 118 bis, **Rue d'Assas — PARIS** VIᵉ

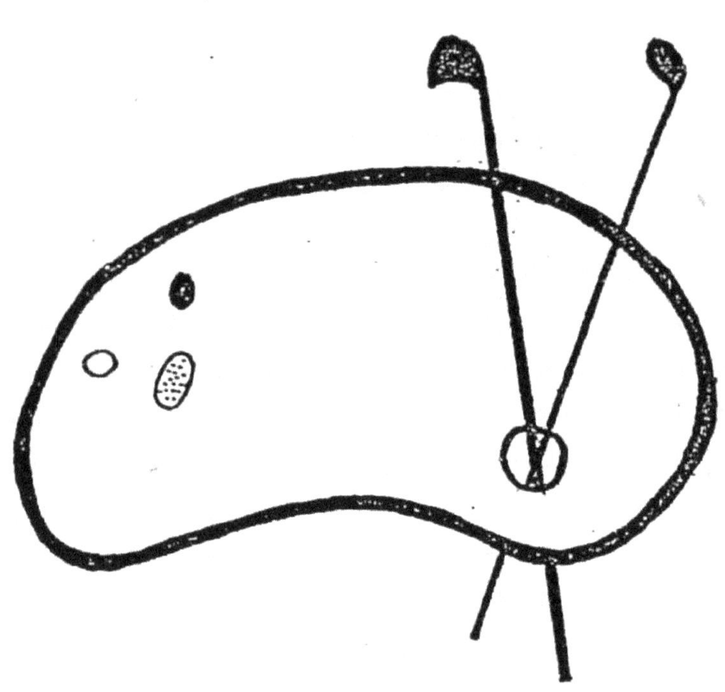

FIN D'UNE SERIE DE DOCUMENTS
EN COULEUR

COMMENT ON INSTALLE ET ADMINISTRE

UN CINÉMA

BIBLIOTHÈQUE NATIONALE — R.F. — IMPRIMÉS

A LA MÊME LIBRAIRIE

Notes Pratiques du Cinématographiste....   0 fr. 75

Les Bruits de Coulisse au Cinéma........   0 fr. 75

Traité Pratique de Cinématographie.......   3 fr. »
    Tome I. La production des images.
    Tome II. La projection des images.

Les Lampes à arc au Cinématographe.....   1 fr. 25

L'Appareil de Projection Cinématographique....   1 fr. »

Notes Pratiques d'Electricité à l'usage des projectionnistes....   2 fr. »

Catéchisme de l'Opérateur de Cinéma.....   2 fr. »

Le théâtre cinématographique............   0 fr. 30

CINÉMA-REVUE PARAIT TOUS LES MOIS

BIBLIOTHÈQUE GÉNÉRALE DE CINÉMATOGRAPHIE

COMMENT
ON INSTALLE ET ADMINISTRE
UN CINÉMA

PAR

E. KRESS

PARIS

COMPTOIR D'ÉDITION DE CINÉMA-REVUE

CHARLES-MENDEL

118 & 118bis, RUE D'ASSAS, 118 & 118bis

Façade décorée par Jacopozzi.

COMMENT

ON

INSTALLE ET ADMINISTRE

UN

CINÉMA

AVANT-PROPOS

Le lecteur trouvera dans le Volume n° 4 de cette même série Rose l'exposé des formalités à remplir pour *Ouvrir un Cinéma*.

Nous étudierons donc successivement ici : la façade, l'intérieur de la salle, la cabine de projection ; enfin nous réunirons sous le titre *Administration* ce qui concerne la publicité, la comptabilité, le budget d'un cinéma.

La Façade.

La façade est peut-être, dans l'exploitation cinématographique, la partie qui a subi le plus de transformations. Chacun s'ingénie à attirer les regards de la clientèle non seulement par le luxe des marbres ou le soin des peintures, mais par la profusion des lumières. C'est maintenant un étonnement, on est presque choqué de rencontrer des cinémas aux façades ternes sinon pire. Il est pourtant facile et, somme toute, peu coûteux, de les recouvrir d'un badigeon, contenant, par exemple, 3/10 de chaux éteinte, 1/10 de céruse, 1/10 de plâtre et un peu de fromage frais. La chaux éteinte est choisie en poudre fine, gâchée avec le fromage et additionnée d'une certaine quantité d'eau jusqu'à obtention d'une bouillie un peu épaisse. La steatite (silicate de magnésie) donne également un excellent badigeon qui, non seulement garantit les murs contre l'humidité, mais permet de les vernir, de les peindre avec éclat et solidité.

Nous pouvons noter qu'on trouve dans le commerce des patrons, des pochoirs avec lesquels on peut imiter tous les bois, tous les marbres.

Toutes les fois qu'on le pourra, on fera précéder

le *contrôle* d'un vestibule où, avec goût, on affichera le programme du jour et, à une place réservée, le titre de la bande principale qui doit être prochainement offerte au public. Lorsque le vestibule sera spacieux on pourra l'utiliser pour y faire une sorte d'exposition de photographies tirées des films en représentation. Un certain nombre de maisons d'édition, d'ailleurs, mettent en vente des cartes postales représentant leurs acteurs; ces cartes peuvent être vendues au contrôle.

Je ne crois pas qu'il y ait grand intérêt à encombrer l'entrée de ces appareils où, pour une pièce de dix centimes, on peut contempler une courte scène, entendre un enregistrement phonographique, recevoir un échantillon. Il serait préférable, quand on le peut, de leur réserver une salle spéciale. Quelques-uns de ces cinématographes économiques, à vues rapides, pourraient d'ailleurs être utilisés pour la réclame des grands films, en montrant le début de la bande par exemple. N'est-ce pas d'ailleurs là le procédé employé par tous les journaux pour le lancement de leurs romans-feuilletons?

Dans un cadre spécial, sur une plaque de marbre, on peut, en style télégraphique, énoncer les événements relatés par le journal cinématographique.

Dans les grandes villes où les cinématographes sont ouverts toute la journée d'une façon permanente, on vient au cinéma entre deux affaires,

pour y voir la bande dont on cause. Il serait facile d'indiquer sur un tableau, lumineux ou non, placé dans le vestibule, l'heure à laquelle doivent passer les films. On sait, en effet, que ceux-ci sont projetés d'une façon régulière, mathématique. Tout le dispositif se réduirait donc à un mouvement d'horlogerie commandant l'aiguille indicatrice et qu'on déclancherait au début même de la projection.

Lorsqu'on peut faire grand, aménager un véritable théâtre à étages, on construira un portique sur le devant de la façade principale. L'arrivée la plus encombrante étant celle des voitures dont le stationnement est prolongé, on pourrait songer à des descentes à couvert qui, en cas de mauvais temps, peuvent abriter encore les spectateurs à la sortie. Cette descente à couvert constituerait soit un porche, soit une galerie recouverte d'une marquise vitrée.

Aux descentes à couvert correspondraient des entrées et sorties particulières.

Le portique-vestibule serait en relation avec les vestiaires, buvettes, etc. Il précéderait le contrôle et le seuil des escaliers larges et droits qui desservent chaque catégorie de places. La surface des escaliers sera égale à la moitié de la surface des places de la salle. Les couloirs auront la même capacité.

En raison de leur emploi pour l'éclairage des façades, nous devons placer ici quelques généralités sur les lampes à incandescence, sur les lampes à arc, sur les lampes à vapeur de mercure. Le lecteur qui désirera compléter sa documentation pourra fructueusement consulter le recueil des *Conférences sur la cinématographie*.

Les lampes à filament de carbone apparurent les premières sur le marché. Le prix d'achat en est peu élevé, mais la consommation (4 watts par bougie) est onéreuse. Pourtant elles offrent l'avantage de pouvoir être disposées dans tous les sens sans que leur filament risque de se briser. On peut les survolter ; c'est-à-dire qu'une lampe de 16 bougies peut en donner 20, etc. et que sur 110 volts on peut intercaler sans dommage un nombre de lampes correspondant à 105 volts ; sur courant alternatif, les lampes carbone donnent une lumière assez fixe quand la fréquence est supérieure à 25 périodes. Au-dessus de 110 volts, la lampe à filament de carbone perd de son intérêt au point de vue économique, car sa durée ne dépasse pas 500 heures.

La lampe au tantale donne la bougie pour 2 watts. On ne peut l'utiliser sur courant alternatif qu'à partir de 50 bougies. Par suite de la forme circulaire donnée à son filament, son pouvoir dispersif est remarquable. Mais la lampe, en raison de la fragilité même du filament, ne peut être placée que verticalement et ne peut être rendue mobile, comme la lampe carbone.

La lampe tungstène est la plus économique. Au début, la durée en était relativement courte. On la peut aujourd'hui prolonger en plaçant le filament de tungstène dans une atmosphère d'azote. On obtient ainsi le 1/2 watt par bougie. C'est en juin 1911 que M. Branly présenta à l'Académie des sciences une note de M. Dussaud sur les lampes à filament de tungstène, démontrant que celui-ci était vingt fois plus économique que le filament de carbone. Jusqu'à l'apparition des lampes tungstène à atmosphère d'azote, les lampes à filament de ce métal étaient utilisées à raison de 25-30 bougies sur 110 volts. Au-dessous de ce rendement lumineux, il fallait disposer les lampes en série commandée par un interrupteur.

Plus le voltage est faible, plus les lampes tungstène sont économiques. Le courant alternatif transformé peut être distribué sous 20-30 volts et permet d'utiliser les 10 bougies, ce qui est d'une pratique très économique. On a récemment mis dans le commerce des lampes tungstène à atmosphère d'azote (lampe Osram) donnant le 1/2 watt par bougie et dont le pouvoir éclairant atteint 2.000 bougies pendant 1.000 heures, soit une dépense de 0 fr. 05 par heure, égale à celle de la lampe à arc. Lorsque la lampe doit servir par intermittence, on la monte en série sur une résistance qu'on met en court-circuit au moment de l'incandescence. Pour une lampe de 2.000 bougies on compte 9 ampères sur 110 volts.

Les filaments de tantale ou de tungstène ont pour inconvénient de se dessouder. Mais lorsque le courant y passe, il suffit d'agiter l'ampoule qui les enferme pour les remettre en état. Lorsque le pouvoir éclairant baisse de 20%, il est préférable de remplacer les lampes, les filaments en s'amaigrissant opposant une plus grande résistance au passage du courant.

Jaillissant à l'air libre ou dans le vide, l'arc électrique constitue la plus économique des lampes (Cf. 11e conférence : *Les lampes à arc*) car, sur courant continu, la bougie descend au-dessous du watt, pour les intensités lumineuses élevées. Sous 110 volts on mettra en série ou on intercalera dans un montage à résistance les lampes construites pour 25-50 volts. Les lampes à arc fonctionnent mal sur alternatif. Pour des raisons économiques on a proposé des charbons minéralisés. La bougie équivaut alors à 0, 23 watt, mais les appareils s'encrassent assez rapidement; ils dégagent des gaz délétères et il faut avoir recours à des dispositifs spéciaux pour utiliser ces charbons.

On a fait connaître, parmi les lampes en vase clos, la lampe Westminster Engineering C°, dont l'arc fonctionne sous un ampérage relativement peu élevé. L'arc est assez ample et, lorsque l'écart des charbons ne dépasse pas un centimètre, la lumière reste, pendant environ une demi-heure, d'une fixité remarquable. Le charbon positif est, dans ce dispositif, horizontal. Sous 220 volts, le rendement lumineux est environ 20 % plus élevé que sur 110.

Les lampes à vapeurs de mercure sont aujourd'hui très utilisées pour l'éclairage général. La lumière très photogénique qu'elles fournissent est d'une teinte très particulière. Elles donnent la bougie par 0, 5 watt. Leur durée atteint 4 à 5.000 heures sans variation d'éclat, ce qui met la bougie-heure à 0 fr. 00606. Mais les lampes à vapeurs de mercure ne conviennent pas pour les enseignes à éclipse.

Puisque nous parlons de ces enseignes qui, la nuit tombée, attirent l'attention du promeneur, par leurs extinctions et leurs rallumages successifs, par l'ondulation de leurs lumières multicolores ou fulgurantes, nous dirons qu'elles ne se sont développées qu'avec la connaissance de cette propriété du survoltage dont nous avons parlé. Les systèmes moteurs qui font tourner les cylindres armant et désarmant les contacts utiles, absorbent en moyenne pour une enseigne simple, une cinquantaine de watts.

Les enseignes lumineuses ont consisté, au début, en signes qu'on illuminait par transparence. Aujourd'hui les motifs, les lettres sont en verre soufflé renfermant les ampoules, les lampes à incandescence colorées. Les lampes à filaments métalliques fournissent une extinction brusque; les lampes à filament de carbone ne s'éteignent au contraire que progressivement. On conçoit qu'en combinant entre elles des lampes à filament différent, on puisse varier les effets. La lampe à filament de carbone sera, par exemple, utilisée pour donner la lumière ondoyante permettant d'imiter le battement d'un éventail. Grâce au survoltage on obtient l'allumage brusque (Cf. 12ᵉ Conférence sur la cinématographie).

Le montage en dérivation est parfois celui auquel on a recours pour les enseignes lumineuses ; mais d'une façon générale on utilise de bas voltages et des lampes de faible intensité.

Les exploitants forains et les exploitants sédentaires cherchent, toutes les fois qu'ils le peuvent, à signaler leurs établissements par des projections de lumière à longue portée. Ils peuvent utiliser soit les projecteurs à miroirs Mangin, soit un dispositif que M. Dalen a fait connaître pour les phares de marine et qui offre l'avantage, sur la lumière électrique, de percer plus facilement le brouillard.

Dans ce dispositif, les allumages et les extinctions sont rendus automatiques, à intervalles prévus. Le fonctionnement est économique. La lumière est produite par combustion d'acétylène dissous dans l'acétone. L'arrivée du gaz au brûleur est sous la dépendance d'une soupape dont le levier est maintenu, pour la fermeture, par l'action d'un électro-aimant. L'autre bras de levier vient appuyer sur une membrane qui se gonfle sous la pression du gaz et vient triompher de l'action de l'électro-aimant; la soupape est ouverte, le gaz s'enflamme à la veilleuse; mais comme la pression a diminué, la membrane retombe, la soupape se referme, la lumière s'éteint pour se rallumer et ainsi de suite.

L'installation de la sonnerie à la porte du spectacle n'offre aucune difficulté. Mais, lorsqu'on ne dispose que du courant alternatif de secteur, il faut en abaisser la tension au moyen d'un transformateur, absorbant à vide assez peu de courant pour ne pas influencer le compteur, l'échauffement du dispositif étant, d'autre part, le plus faible possible. On trouve ces petits transformateurs dans le commerce, mais on peut les construire facilement. On commence d'abord par faire la carcasse qui doit porter les deux enroulements. Pour cela on découpe dans de la tôle de fer, et non dans de la tôle d'acier, une série de plaques d'un quart de millimètre d'épaisseur en quantité suffisante pour que, mises en pile, celle-ci atteigne environ 10 centimètres. Ces plaques auraient environ 13 centimètres et demi sur 7 centimètres et demi. On y ménagera deux ouvertures de 35 millimètres de côté séparées par une partie pleine ayant environ la même largeur. Lorsque toutes les plaques sont empilées, le bloc présente deux cavités séparées par une partie pleine médiane sur laquelle on enroulera le fil fin et le gros fil. On trouvera dans *Cinéma-Revue* (1914) le détail de toute la construction.

La Salle.

Autant que possible, la salle sera de plein pied avec le sol. Au plancher on préférera un béton ou un dallage en granitoïde. Une partie de ciment, deux de sable et quatre de poussière de coké forment un excellent béton. Pour le gâchage du mortier, on utilisera de l'eau contenant par mètre cube, trois ou quatre kilos de savon. De la cabine à l'écran, le sol fera avec l'horizontale un angle peu ouvert, en d'autres termes il sera légèrement incliné. La dominante de la décoration générale sera toujours sobre. On tiendra compte des lois de *Sumpner* sur le pouvoir réfléchissant des papiers et tentures de différentes couleurs.

Papier mural jaune.........	40 %
Papier mural rouge.........	40 %
Papier mural bleu..........	25 %
Murs peints en jaune clair.	40 %
Murs peints en jaune foncé.	20 %
Bois blanc clair...........	50 %
Blanc d'écran..............	80 %
Papier brun foncé.........	13 %
Papier chocolat foncé......	4 %
Velours noir...............	0,4 %

Pour donner à l'écran toute sa valeur, il importe d'harmoniser la teinte des murailles et des draperies de la salle avec celle de l'éclairage en

Vue générale d'une Salle (Installation Jacopozzi).

cours de séance. Ce sera pour des raisons découlant non seulement de la loi des contrastes colorés, définie par Chevreul, mais de la constitution physiologique de l'œil que la *couleur rouge* doit être considérée comme peu propre à l'éclairage des salles d'exploitation cinématographique.

Les principes de Sumpner devront être suivis de très près quand on se proposera de faire soit du *Kinéma-Color* soit de la *projection en salle éclairée*.

On sait que, pour la construction des salles de spectacle, on doit s'inspirer de considérations d'ordre physique, d'ordre géométrique, pour en déterminer la forme. La meilleure reste celle que Sax indiqua dans son brevet de 1866 et qu'il faisait dériver d'une parabole tournant autour de son grand axe et fermée par une seconde parabole très ouverte. L'axe fait avec l'horizon un angle de 30 à 45° et l'aspect général est celui d'un œuf allongé dont la pointe obliquerait vers le bas. La partie renflée constituant la salle, l'écran sera placé à la pointe de l'œuf, dans la parabole de révolution ; tous les rayons, aussi bien optiques qu'acoustiques, émanant du foyer de la courbe, étant réfléchis parallèlement à l'axe. On placera l'orchestre sur le même plan que l'écran dans une sorte d'excavation formant chambre de résonnance. Cette disposition de la salle serait d'autant plus recommandable qu'il s'agirait d'établissement de plus grandes dimensions.

L'évolution du théâtre cinématographique vers le synchronisme ne permet pas de se désintéresser des qualités acoustiques à donner à la salle de projection. Le plafond sera de forme parabolique, Comme le conseille M. Gosset : « On évitera les coupoles unies, trop concaves, les plafonds à caissons saillants qui multiplient les résonances au risque de les brouiller. »

Les parois à surfaces lisses et répercutables surtout courbes, devant l'orchestre, à moins de les tendre d'étoffe, sont mauvaises. On doit aussi éviter les colonnes volumineuses, surtout celles qui sont répétées ; les grandes saillies des balcons, les cloisons minces et lisses en planches dont les vibrations dénaturent les sons, les étouffoirs, résultant de la profondeur des avant-scènes, de la multiplicité des draperies. Une bonne salle, surtout quand on doit y faire entendre le phonographe, ne doit pas présenter d'écho et, d'après les travaux de MM. Lyon-Pleyel et Dubrissay, il importe de supprimer le plus possible les concavités, de les remplacer même par des convexités.

On a tenté de substituer aux orchestres symphoniques des pianos, des orgues mécaniques commandés électriquement. Il est à présumer qu'on arrivera à créer, d'une façon définitive, le synchronisme musico-cinématographique. On a proposé de revenir au synchronisme vocal ou instrumental direct, au moyen d'une bande secondaire défilant devant les yeux d'un ou plusieurs exécutants et portant les paroles, la musique à dire, à chanter ou à jouer. Quant aux pianos et orgues mécaniques on sait que les éditeurs font en ce moment, surtout en Italie, des efforts nombreux pour demander aux grands compositeurs d'écrire une musique spéciale pour les films. Cette musique peut non seulement être notée pour l'orchestre, mais aussi pour les instruments mécaniques. Même l'improvisation peut être ainsi conservée d'une façon permanente et, par conséquent, reproduite à volonté par des pianos système Janssens ou autres.

La cabine communiquera par une sonnerie avec l'orchestre. Les appels se feront suivant une convention qui règlera leur nombre d'après les nécessités de cadrage, d'interruption, etc.

Le cinématographe a ses bruits de coulisses qui procèdent, d'ailleurs, de ceux du théâtre scénique. On les trouvera décrits très amplement dans la brochure publiée par la Bibliothèque générale de cinématographie : *Les Bruits de Coulisse au Cinéma*; CHARLES-MENDEL, Editeur. Nous n'insisterons donc pas.

Nous accorderons plus de place à la question des écrans.

L'Ecran.

L'*Optique* des salles de cinématographe doit être particulièrement soignée. L'écran doit être visible de toutes les places, qu'on projette par transparence ou par réflexion. La projection par transparence sera préférée quand on disposera d'une étendue suffisante, car elle n'a pas à souffrir de la buée, des fumées de la salle, même des bruits venant de la cabine. Les bruits de coulisses, le synchronisme par la méthode de la bande secondaire, sont aussi, avec elle, plus remarquables d'effet. Le seul inconvénient serait celui *du point lumineux*. Mais, non seulement celui-ci n'est visible que pour les spectateurs placés à la hauteur de l'appareil, mais il est très fortement atténué quand on utilise l'objectif *orbi*, l'écran du système *Gaumont*, etc. A défaut de ces dispositifs, on pourra se servir soit d'un écran de toile bien tendue sur laquelle on lancera, au moyen d'une pompe à arbustes, de l'eau glycérinée en fines gouttelettes, soit d'une plaque de verre dépoli, à la condition de le choisir d'un grain qui ne s'irradie pas trop au passage des rayons lumineux.

Mais le plus souvent, pour utiliser tout le cube de

L'écran et son encadrement (Installation Jacopozzi).

la salle, l'exploitant projette par *réflexion*. On a donné beaucoup de formules d'écran. Le meilleur est encore un mur bien plan et blanchi, par exemple au badigeon Bachelier. Lorsqu'on veut recourir à la toile, au calicot, on les choisira autant que possible sans couture et on les enduira de :

$$
\begin{array}{ll}
\text{Eau chaude} \dots\dots\dots & 1.000 \text{ cm}^3 \\
\text{Gélatine Heinrich} \dots\dots & 90 \text{ gr.} \\
\text{Magnésie} \dots\dots\dots\dots & 200 \text{ gr.}
\end{array}
$$

Parmi les autres formules pour écran nous citerons :

1° Spermacéti ou acide stéarique.   25 gr.
Borate de soude. . . . .   25 gr.
Colle d'amidon. . . . .   1.000 kilog.

2° Gélatine Heinrich. . . . .   50 gr.
Blanc de zinc ou céruse. . . .   250 gr.
Eau. . . . .   800 gr.

Certains opérateurs combinent les deux formules, y ajoutent de l'alun, de la glycérine, de la gomme, etc. Il n'y a pas grand intérêt à les suivre dans ces variations.

Il serait préférable d'accorder plus d'attention à différents systèmes proposés pour la projection en plein jour.

En 1907, M. Quantin a fait connaître un procédé exploité du reste sur les grands boulevards. L'écran mesure 2 m. 50 × 3 mètres; il est blanc, légèrement teinté de rose. En avant, un système de rideaux noirs, qu'on tire plus ou moins en les faisant coulisser sur les tringles, soustrait l'écran à la lumière de la salle, lumière orientée, du reste , vers les spectateurs.

Dans le système Poch, l'image est projetée dans une chambre noire dont l'écran constitue la paroi antérieure. Cet écran est formé par un verre dépoli (le dépoli est tourné vers le spectateur) doublé d'un verre légèrement fumé. Dans le système de Mare, consacré par des expériences faites à l'Exposition de Bruxelles, l'écran est non pas vertical, mais plus ou moins horizontal ce qui le garantit de la lumière ambiante. L'image projetée par l'appareil est reprise par un second miroir dont la largeur est égale au moins à celle de l'écran et la hauteur à celle de l'écran $\times$ 1,4114. L'image est renvoyée à l'écran par un miroir d'autant plus petit qu'il est plus éloigné de l'écran et plus proche du projecteur. La projection a lieu par transparence, et on recourt à un redresseur si elle est faite sur la droite ou sur la gauche de l'écran récepteur.

M. de Mare indique encore un dispositif plus simple. On suspend, le long d'un mur, un miroir de 1 mètre sur 1 mètre 4114. A l'aplomb de ce miroir on ménage *au plafond* de la salle, au moyen d'une draperie de 0 m. 30, formant lambrequin, un espace d'un mètre carré bien lisse et blanc mat, garanti par conséquent contre la lumière du jour. L'appareil de projection est placé face au miroir, par le centre duquel passe la ligne de foyer de l'objectif. Quand on veut faire une projection, on éloigne le miroir du mur de façon à lui faire faire avec celui-ci un angle de 45°. L'image est donc renvoyée au plafond-écran; mais elle est reprise par le miroir qui la renvoit au spectateur.

M. Mario Ganzini a fait connaître en 1911 un écran alvéolaire qui permet de projeter les images cinématographiques dans n'importe quelle salle éclairée, avec une perfection telle qu'on pourrait laisser les fenêtres ouvertes pendant les séances. La surface de l'écran est divisée en une quantité de petites cases placées sur un fond formé d'une grille faite de petites lames d'une hauteur égale à la dimension des carrés. Le tissu formé par la grille jette sur le fond blanc une ombre suffisante pour le rendre invisible à l'assistance, seule la lumière projetée *de face* peut l'éclairer. A quelques mètres de distance, la surface de l'écran donne à la vue une impression brune uniforme. Lorsque le faisceau lumineux tombe perpendiculairement, l'ombre des alvéoles disparaît et l'écran paraît d'un blanc uniforme.

C'est d'ailleurs là un peu le principe des écrans Janus, Reflex, etc., offrant en outre la propriété d'atténuer la tache lumineuse.

Les écrans métallisés que, peut-être après les Frères Lumière, la maison Zeiss a fait connaître, ont eu et ont encore une certaine vogue. On les préconise d'ailleurs pour les projections d'auto-chromes.

M. Cust a indiqué comment il préparait un écran métallique. Il se procure une feuille de tôle, laminée à froid, plane, sans trace de rouille ou de piqûre; il lui passe deux couches de *mordant*, peinture à base de blanc et d'essence de térében-thine; quand les deux couches sont sèches on les frotte au papier émeri fin pour les égaliser; puis on étend la peinture à l'aluminium qu'on choisira très fluide et dont on donnera deux couches au moyen d'une brosse douce en poil de chameau, en com-mençant par le haut, la seconde couche étant étalée perpendiculairement à la première.

On trouvera ces peintures dans le commerce. Mais on en peut préparer contenant pour un lait de chaux à 10/500, 30 grammes de caséine, 20 gram-mes de blanc de Meudon et 20 grammes d'alumi-nium en poudre fine. Les vernis métalliques ne conviennent pas, ils sont trop miroitants.

En ce qui concerne les écrans et leur rendement lumineux, la pratique ou les suggestions de la réclame doivent céder le pas à des méthodes plus scientifiques. C'est ainsi que nous trouverions dans nos recherches sur les valeurs réfléchissantes, 90 $^o/_o$

pour l'argent et pour l'or, 85°/₀ pour le cuivre, 68 à 40°/₀ pour le verre dépoli, suivant le grain, 50°/₀ pour le papier de soie, 80 °/₀ pour le papier huilé, etc.

Si nous cotons les valeurs d'intensité et d'éclat, nous pourrons construire une série de courbes et nous définirons comme angle de vision utilisable, l'angle d'observation maximum sous lequel la projection apparaît d'une luminosité constante.

Pour les déterminations, nous partirons d'un écran de 0 m. 50 éclairé par une lanterne de projection distante de 5 mètres et munie d'une lampe Nernst 600 bougies 110 volts. Devant cet écran et circulant sur une voie en arc de cercle, on a disposé un photomètre de Weber prolongé par un tube de laiton de 45 millimètres et de 45 centimètres de long dont l'extrémité se trouve à 37 centimètres de l'écran. Le photomètre a pour étalon une lampe au tungstène de 1 bougie Hefner 2 volts et l'angle maximum qu'il peut faire avec le centre de l'écran est de 75 cm. On surélève légèrement l'appareil et on incline le photomètre vers le bas pour que ce dernier ne donne pas d'ombre portée sur l'écran.

Les chiffres suivants, obtenus par le procédé que nous venons d'indiquer, seront utilement consultés.

Les graphiques montrent que pour rendre l'écran également visible de toutes les places, il faut donner à la salle la forme que nous avons indiquée.

Les écrans métallisés présentent-ils sur les écrans blancs une telle supériorité qu'on doive abandonner ceux-ci pour ceux-là? M. P. Ritter, auquel nous avons emprunté les chiffres précédents,

ECRAN	CLARTÉ MAXIMA	ANGLE UTILE	ECRAN	CLARTÉ MAXIMA	ANGLE UTILE
Carton blanc...........			Argent sur surface rugueuse.........	1.45	25
Murs blancs...........			Toile ordinaire.....	0.72	
Toile peinte au blanc de zinc.................	1	90°	Ecran Eos et similaire............	2.3	20
Papier à lettres........	1.08	90°	Toile mouillée	0.925	
Papier d'impression mat.....	0.905	90°	Papier de soie.....	2.3	27°.5
Papier d'impression ordinaire	3.24	90°	Papier huilé.......	5.9	
Argent sur papier lisse.	2.55	32°	Toile fine.........	2.84	13°

propose une expérience très simple. Elle consiste à placer en travers d'un écran métallisé une bande de carton blanc et à examiner l'apparence de la projection d'abord de face, ensuite à la lisière de l'image nette, enfin en dehors de cette zone. On se rend ainsi facilement compte des différences d'éclairement entre l'écran carton et l'écran aluminium, des avantages que le premier présente sur le second.

Les écrans métallisés donnent d'excellents résultats avec les projecteurs dont l'obturateur est parfaitement réglé. On leur reproche de donner la *tache lumineuse*. Mais cette tache n'est plus visible si, considérant l'écran comme un miroir, on oriente l'appareil de telle sorte que l'objectif ne pourrait être vu par aucun des spectateurs. Il semble bien que les écrans métallisés, comme du reste les autres écrans par réflexion, donnent des images moins déformées si on les relève sur leur lisière de façon à leur faire prendre une forme incurvée vers les spectateurs.

Quand il s'agit d'exploitations ayant plutôt un caractère de curiosité et surtout lorsqu'on projette dans une salle de dimensions réduites, on obtient des images qui paraissent *aériennes* si on les reçoit sur un écran constitué par une ou deux planchettes tournant rapidement sur un axe. L'effet sera d'autant plus saisissant qu'on aura placé l'écran rotatif dans une sorte de cadre formant cavité.

On parle beaucoup de projection sans écran. On en trouvera l'explication très détaillée dans la brochure *Le Cinéma sans écran*[1].

L'écran sera toujours encadré avec goût, d'une façon très sobre. On s'inspirera utilement des catalogues de vignettes pour épreuves photographiques.

---

1. Charles-Mendel, Editeur, 118 et 118 *bis*, rue d'Assas à Paris. — Prix 0 fr. 75.

On trouvera là des dessins de goût très simple, de réelle tenue artistique.

En règle générale, l'écran doit être protégé contre toute lumière autre que celle venant du projecteur. Un écran de quatre mètres est déjà d'une belle dimension.

La Cabine.

La Cabine sera l'objet de tous les soins du directeur. Non seulement il s'y conformera aux prescriptions de la Préfecture de police, mais il s'efforcera d'en rendre le séjour le plus supportable possible à l'opérateur. Les dimensions prévues 1 m. 60 $\times$ 1 m. 35 sont bien réduites. On lui donnera la hauteur de plafond la plus élevée possible et on y ménagera l'ouverture réglementaire fermée par une toile métallique à mailles fines, qu'on protégera par une sorte de toit à chicane, quand la cabine sera extérieure à la salle, disposition la plus recommandable de toutes.

Pour les exploitations foraines, on construit des cabines en fer démontables, dont les dimensions sont : largeur 1 m. 60, longueur 1 m. 80, hauteur 1 m. 90 et le poids 150 à 160 kilos. Ces cabines comportent huit panneaux pouvant se replier deux à deux, pour former les parois latérales de la cabine et un toit en deux parties dont l'une percée d'une ouverture munie de la toile métallique réglementaire.

Du côté des spectateurs, la face de la cabine est percée de deux ouvertures ou regards dont les volets peuvent être fermés automatiquement par certains dispositifs très intéressants, électriques ou mécaniques.

Toutes les fois qu'on le pourra, on disposera de deux projecteurs. En tout cas, il sera indispensable que le futur exploitant consulte les traités spéciaux de cinématographie : *Traité pratique de Cinématographie* de E. Coustet, *L'appareil de projection cinématographique*, *Les lampes à Arc* de E. Kress; enfin *Le Catéchisme de l'opérateur de cinéma* et *L'Aide-Mémoire* de C. de Miraunel qui répondent aux multiples questions qu'un cinématographiste peut se poser.

Il suffit d'en faire la demande au comptoir d'Edition Charles-Mendel, 118 *bis*, rue d'Assas, Paris, pour recevoir le catalogue de tous les ouvrages qui paraissent sur la cinématographie. En outre *Cinéma-Revue* abonde en articles d'utilité professionnelle.

Administration.

L'exploitation d'un cinématographe ne peut prospérer si son directeur ne se rend pas compte aussi exactement que possible de l'étendue, de la progression des frais généraux.

Il devra apporter toute son attention au budget de la lumière électrique. C'est par des considérations de durée qu'il se déterminera dans le choix des lampes à incandescence. La question des *transformateurs-convertisseurs* devra être étudiée très à fond ; il en sera de même de celle des *rhéostats*, de la *canalisation*.

On trouvera dans les deux ouvrages : *L'Appareil de projection cinématographique* et *Les Lampes à arc* des formules générales qui permettent de calculer le prix de revient d'un éclairage.

La *publicité* est l'âme de toute exploitation artistique, du cinéma comme du théâtre.

Les éditeurs de films remettent ou vendent aux exploitants, à des prix très raisonnables, des affiches illustrées, plus ou moins artistiques.

Nous ne parlerons que des affiches-programmes.

Une bonne affiche doit attirer l'attention de loin. Pour cela il faut apprendre à répartir judicieusement les blancs, à sacrifier les lignes accessoires pour mettre en relief les lignes principales.

L'affiche typographique, faite d'un assemblage de bandes imprimées et diversement colorées, est très employée. En résumé l'affiche, comme le programme, comme toute la publicité, doit répondre au genre de clientèle qu'on désire attirer chez soi.

Une grande imprimerie de Leeds a fait procéder à des expériences très nombreuses ayant pour objet de déterminer, pour un papier de couleur donnée, la couleur de l'encre à employer pour obtenir des affiches très lisibles à distance.

L'encre noire sur papier blanc étant réservée aux affiches officielles, les investigations ont porté sur toutes les autres combinaisons.

Sur un panneau plan et rigide placé à l'extrémité d'un champ et bien exposé au soleil, on fixa les affiches imprimées dans les conditions que nous venons d'indiquer; sur chacune d'elles, on avait imprimé deux lignes de texte, la première à caractères bien distincts, la seconde à caractères qui, comme I et J, sont difficiles à distinguer à une certaine distance.

Au moyen de piquets fichés en terre, on indiquait la limite de lisibilité pour un certain nombre d'observateurs. Les résultats définitifs donnèrent le tableau suivant :

1° Encre noire sur papier jaune.
2° Encre verte sur papier blanc.
3° Encre rouge sur papier blanc.
4° Encre bleue sur papier blanc.
5° Encre blanche sur papier bleu.
6° Encre noire sur papier blanc.
7° Encre jaune sur papier noir.
8° Encre blanche sur papier rouge.
9° Encre blanche sur papier vert.
10° Encre blanche sur papier noir.
11° Encre rouge sur papier jaune.
12° Encre verte sur papier rouge.
13° Encre rouge sur papier vert.

Les affiches tirées en noir sur papier jaune sont les plus lisibles. Le tableau a donc été établi suivant une échelle décroissante.

Les arrêtés du Préfet de police ont beaucoup contribué à faire disparaître le *prospectus*. Mais il peut toujours être distribué à domicile. La composition en sera plus soignée et le directeur fera bien de rappeler en quelques lignes discrètes les particularités de son exploitation.

Dans certains quartiers de Paris, dans certaines villes, le billet de réduction, le billet de faveur, est devenu une habitude générale. La baisse du prix des places n'est donc que fictive ; mais cette fiction est volontiers acceptée par un certain public et on continue à la cultiver.

Connaissant les frais généraux, frais dans lesquels le directeur n'omettra ni le loyer, ni l'impôt, ni ses propres appointements, on fixera le prix des places par catégories. On établira chaque jour une fiche de caisse d'après le modèle suivant :

État de Caisse du							
PLACES	NOMBRE	Billets vendus du N° au N°	FR.	C.	DÉPENSES	FR.	C.
Loges......					Compteur électrique ou Moteur........		
Fauteuils...					Affichage...........		
Premières..					Publicité		
Secondes...					Billets gratuits		
Troisièmes .					Distributeurs		
					Personnel supplémentaire		
					Police		
					Orchestre		
					Impôts		
					Droits des Pauvres..		
					Droits d'auteurs....		
					Location de salle...		
					Location de programmes........		
					Assurances........		
					Emoluments		
					Imprévu		
		Total...			Total....		

Nous ne dirons rien du prix des *programmes*, car les tarifs établis sur les bases des première, deuxième, troisième, quatrième, cinquième semaines, ont été bien bouleversés par les *exclusivités*, régies elles-mêmes par des contrats passés entre éditeurs et loueurs, entre loueurs et exploitants. Néanmoins le prix de 1 fr. 25 le mètre est resté le prix de *vente moyen* du film positif, de même que les prix de 0 fr. 25 pour le noir, de 0 fr. 30 pour la couleur, sont restés *taux moyen de location* de la bande en première semaine.

Un programme sera toujours composé dans un esprit aussi large que possible. On évitera les films d'un... comique trop spécial. *Un exploitant doit choisir ses bandes en bon père de famille*, qu'il ne recule pas devant le film documentaire, devant le film d'actualité, il trouvera la récompense de ses efforts dans la façon même dont il aura orienté le goût, l'éducation de sa clientèle. Tous les projecteurs, ou presque tous, sont munis d'un dispositif pour projection fixe. L'exploitant qui aura quelques notions de photographie pourra donc, sans grands frais, projeter des diapositives d'événements survenus dans son quartier ou annoncer le film sensationnel. Faut-il faire connaître rapidement à la salle un événement quelconque : incendie, accident? Rechercher un spectateur? Un simple verre, fumé à la lampe, sur lequel on écrira à la pointe-sèche, rendra de bien grands services, puis qu'on en pourra faire une sorte de diapositive d'urgence.

Que les exploitants s'ingénient donc à faire aimer le cinématographe et, par lui, à se rendre s. Le succès leur viendra et leur restera s'ils se persuadent que succès oblige.

Cinématographe forain.

Nous avons dû réserver la question si intéressante du cinématographe forain qui ferait, à elle seule, l'objet d'une étude spéciale.

Les forains, en effet, ont, suivant les localités traversées, à connaître des juridictions bien différentes. Dans tel département les lumières à combustion gazeuse sont permises, dans tel autre elles sont interdites. En outre, un exploitant forain doit être familiarisé avec les meilleures méthodes de montage et de démontage rapides qui ont besoin d'être longuement exposées. Ce que nous pouvons dire c'est que les forains, et ceux que tenterait la vie large du *Voyage,* trouveront dans l'*Annuaire Cinéma* tous les renseignements concernant les dates des fêtes et des foires, le chiffre de la population des localités, les salles qu'on peut y mettre à leur disposition, les stations électriques, les gares de chemin de fer, etc.

Consulter *Cinéma-Annuaire de la Projection fixe et animée* sera s'éviter bien des déboires, s'épargner bien des pas inutiles.

LA ROCHE-SUR-YON. — IMPRIMERIE CENTRALE DE L'OUEST.

LE

CATALOGUE

DE LA

Bibliothèque Générale
de Cinématographie

est envoyé gratuitement

: : sur demande : :

ADRESSÉE A

CHARLES - MENDEL

118 et 118 bis, rue d'Assas

:: :: PARIS :: ::

CONSEIL A NOS LECTEURS

Eviter les mouvements inutiles, économiser le temps, voilà le secret de la vie moderne, car l'homme a maintenant conscience que le temps qu'il passe dans un travail de force est un capital perdu et que l'application de moyens mécaniques doit constituer une richesse nouvelle. Toutes les fois que la machine peut devenir un auxiliaire de l'homme, on a intérêt à l'employer. Appliqué dés longtemps dans les grandes industries, ce principe doit être mis en pratique dans les exploitations les plus modestes, et les plus éloignées des centres industriels, car il existe actuellement un moteur peu encombrant, facilement transportable, coûtant peu d'achat et d'entretien, ne nécessitant pas de réparations en cours de services, et utilisant tous carburants, essence, pétrole, gaz, etc.

Nous conseillons à tous ceux qui désirent être renseignés sur cet instrument économique, de s'adresser **RAJEUNI - 119, rue Saint-Maur - PARIS** de notre part, à la marque qui voudra bien donner gratuitement des renseignements plus circonstanciés que ceux que nous pourrions donner ici, n'ayant d'autre intention que de donner un obligeant conseil à nos lecteurs.

DEMANDER NOTICE

Le Meilleur Choix de toutes les vues

et surtout des vues dites *en exclusivité*

SE TROUVE CHEZ

France = Cinéma = Location

7, Rue du Faubourg-Montmartre, 7

PARIS

Téléph. : Bergère 49-82   Adr. Télégr. : Francinéio

AGENCES

MARSEILLE - LYON - TOULOUSE
BORDEAUX - LILLE ET BRUXELLES

Matériel pour la Tranformation de l'Énergie Électrique

E. BOUZEREAU

ORNANS (Doubs)

TRANSFORMATEUR SPÉCIAL

pour lampe à arc d'Appareil de projection

Voulez-vous, sans une mise de fond exorbitante, obtenir le maximun de rendement avec le courant alternatif? Installez un Transformateur Type S.A. avec lequel vous réaliserez une importante économie d'énergie.

Le courant alternatif n'est pas aussi imparfait qu'on veut bien le dire, pour la production d'un arc destiné à la projection. Employez un Transformateur Type S.A. et vous ne tarderez pas à le reconnaître.

SIMPLICITÉ

ÉCONOMIE

RENDEMENT ÉLEVÉ

PLUS DE
Rhéostats ni résistances

SUPPRESSION
du bruissement de l'arc

DEMANDEZ NOTICE ET PRIX COURANT

28ᵉ ANNÉE   LA   1915

PHOTO-REVUE

Journal de Photographie pratique

PARAISSANT LE DIMANCHE

ABONNEMENTS : France, Algérie et Tunisie : 8 francs par an

UNION POSTALE : 10 FRANCS

La **PHOTO-REVUE** a été créée en vue de la vulgarisation et de la propagation de la photographie, de la défense des intérêts des photographes et des amateurs, de la recherche et de la publication de tout ce qui peut les intéresser.

La **PHOTO-REVUE** est actuellement entre les mains de toutes les personnes s'occupant de photographie ou s'y intéressant. Son tirage dépasse certainement les tirages réunis de tous les autres organes photographiques français indépendants.

La **PHOTO-REVUE** est une tribune toujours ouverte à tous. Elle renseigne *gratuitement* soit par correspondance, soit par la voie de sa *Boîte aux Lettres*, tous ceux qui font appel aux connaissances spéciales de ses rédacteurs.

Pour les offres, demandes et échanges d'appareils ou objets quelconques, ainsi que pour les emplois, les ventes de fonds et, d'une façon générale, toutes les annonces s'adressant au public photographique, la **PHOTO-REVUE** est un mode de publicité dont l'efficacité ne saurait être contestée.

Envoi franco sur demande d'un numéro à titre de spécimen

LES

" CHRONOS "

PROJECTEURS

Gaumont

SONT

LES PLUS FIXES

ET

LES PLUS ROBUSTES

Société des Etablissements **GAUMONT**
57-59, rue Saint-Roch, **PARIS**

CHARLES-MENDEL, Éditeur, 118 et 118 bis, Rue d'Assas, PARIS

BIBLIOTHÈQUE de CINÉMA-REVUE

75 Centimes le Volume

Série jaune

1. Aide-Mémoire du Cinématographiste.
2. Notes pratiques du Cinématographiste.
3. Les Courants continus en Cinématographie.
4. Les Courants alternatifs et les Transformateurs.
5. L'Electro-magnétisme et le Cinématographe.
6. Les Merveilles du Cinématographe.

Cette série sera continuée

Série rose

1. Les Bruits de coulisses au Cinéma.
2. Comment on installe et administre un Cinéma.
3. Le Cinéma sans écran.
4. Pour ouvrir un Cinéma (formalités administratives).
5. La Cinématographie astronomique.

Cette série sera continuée

* * * *La Direction de " CINÉMA-REVUE " se charge d'éditer, soit à ses frais, soit pour le compte de MM. les Auteurs, tous les ouvrages se rattachant à la Cinématographie* * * * *

GROUPES ÉLECTROGÈNES
◆ ASTER ◆

A ESSENCE DE PÉTROLE
ET A PÉTROLE LAMPANT

POUR

CINÉMATOGRAPHES

USINES ET BUREAUX :

102, RUE DE PARIS, 102
○ SAINT-DENIS (SEINE) ○

TÉLÉPHONE :

TÉLÉGRAMMES :

225-SAINT-DENIS

ASTER-SAINT-DENIS

Le Meilleur choix de toutes les vues
et surtout des vues dites *en exclusivité*

SE TROUVE CHEZ

France = Cinéma = Location

: : : 7, Rue du Faubourg-Montmartre, 7 : : :

PARIS

Téléph. : Bergère 49-82   Adr. Télégr. : Francinélo

AGENCES

MARSEILLE - LYON - TOULOUSE
BORDEAUX - LILLE ET BRUXELLES

LE COMPTOIR D'ÉDITION

CHARLES - MENDEL

FONDÉ EN 1886

*118 et 118*bis*, rue d'Assas, PARIS VI*e

se charge d'éditer

*soit à ses frais, soit pour le compte de
MM. les Auteurs, tous ouvrages de vulgarisation*

OUVRAGES & PUBLICATIONS

Société Anonyme des Etablissements

DEMARIA - LAPIERRE

169, Quai Valmy -- PARIS

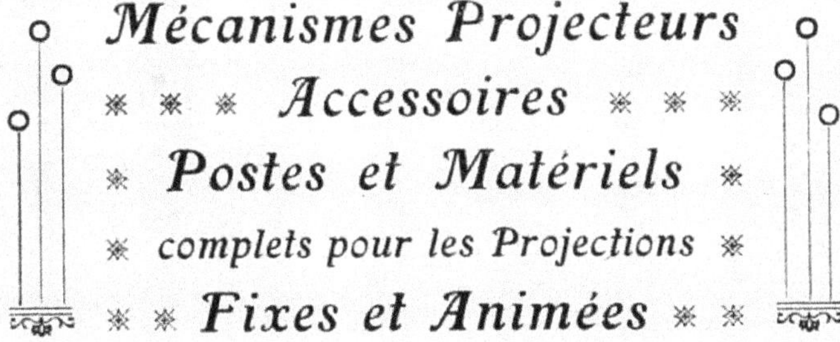

Mécanismes Projecteurs

※ ※ ※ *Accessoires* ※ ※ ※

※ *Postes et Matériels* ※

※ *complets pour les Projections* ※

※ ※ *Fixes et Animées* ※ ※

LE CATALOGUE SPÉCIAL DE

CINÉMATOGRAPHIE

Ouvrage de luxe abondamment illustré et contenant la description de tous les modèles, sera envoyé franco contre la somme de **1 franc** remboursable à la première commande de **25 francs**.

Le demander dès maintenant pour le recevoir aussitôt paru

LA MAISON N'A

AUCUNE SUCCURSALE

" CINÉMA "

Annuaire de la Projection fixe et animée

118 et 118 bis, rue d'Assas, PARIS (6e)

Cet ouvrage comporte :

1° Une *Liste générale* de toutes les personnes appartenant à la corporation cinématographique, classées par ordre alphabétique, leur profession principale, l'adresse complète, le numéro de téléphone, l'adresse télégraphique, etc... ;

2° Une liste de tous les *Fabricants et Négociants* d'articles de projections fixes ou animées, classées par chapitres (150) en cinq langues : Français, Anglais, Allemand, Italien et Espagnol ;

3° Une liste des *Marchands de Fournitures cinématographiques*, avec leur adresse ;

4° Une liste des *Exploitants* du Cinématographe classés par ordre alphabétique avec leur adresse ;

5° Une liste des *Opérateurs*, classés par ordre alphabétique, avec leur adresse ;

6° Une liste générale de *Marques* ou *Noms* donnés aux appareils : lanternes, films, accessoires ou produits employés en cinématographie, avec indication de la Maison qui fournit ces articles ;

7° Un calendrier de *Foires* et *Fêtes patronales* avec les renseignements nécessaires aux exploitants désirant installer un cinématographe ;

8° Un Aide-Mémoire de l'opérateur cinématographiste ;

9° Des renseignements industriels et commerciaux.

Toute personne appartenant à la corporation cinématographique a droit GRATUITEMENT à ses NOMS et ADRESSES :

1° *À la liste générale alphabétique;*

2° *Au Chapitre se rapportant à sa profession;*

3° *À la suite de chacune de ses marques ou spécialités.*

COMPAGNIE DES

Charbons Fabius Henrion

SOCIÉTÉ ANONYME AU CAPITAL DE 2.500.000 FRANCS

10, rue Vézelay, PARIS

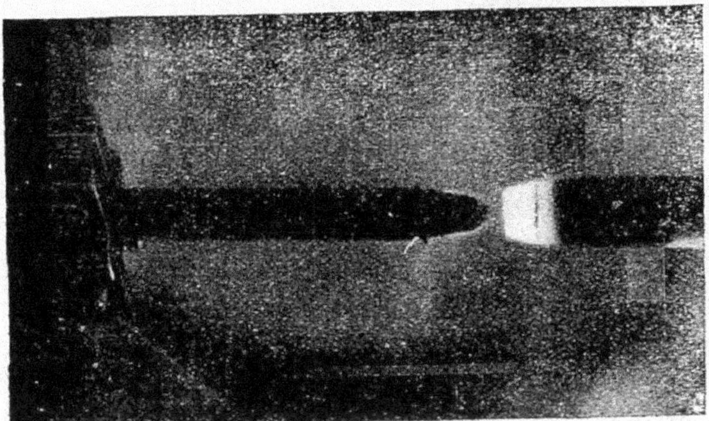

CHARBONS SPÉCIAUX
POUR CINÉMAS

BALAIS EN CHARBON pour dynamos.
LAMPE FAUST à filament étiré.
LAMPES 1/2 WATT.

USINES A PAGNY-SUR-MOSELLE

Principales Publications

éditées sous la direction de CHARLES-MENDEL ✳

PHOTOGRAPHIE — CINÉMATOGRAPHIE

118 et 118bis, rue d'Assas, PARIS-VIe — Tél. Fleurus 08-48

Cinéma-Revue Revue Mensuelle du Commerce et de l'Industrie cinématographiques. Supplément mensuel à " CINEMA ". Annuaire de la projection fixe et animée. Abonnement : France **3** fr.; Etranger............................... **3** fr. **75**

Cinéma Annuaire de la projection fixe et animée. Prix **6** fr. **25**; Par souscription.............................. **3** fr. **75**

Cine-Gazette Revue mensuelle d'informations cinématographiques Abonnement pour le Monde entier....................................... **1** fr. **25**

Photo-Revue Hebdomadaire. La plus importante et la plus ancienne publication hebdomadaire, concernant la photographie, fondée en 1888. Abonnement annuel : France **8** fr.; Etranger................................. **10** fr.

Photo-Magazine Revue hebdomadaire illustrée de Photographie à l'usage des amateurs et des gens du monde, littéraire, humoristique à l'occasion, très illustrée. Abonnement : France **12** fr.; Etranger................ **15** fr.

Revue des Sciences Photographiques et *La Photographie des Couleurs réunies*. Mensuelle. Abonnement : France **6** fr.; Etranger................ **8** fr.

Revue Illustrée de Photographie Revue mensuelle comprenant tout ce qui constitue **PHOTO-MAGAZINE** sauf la partie sur papier bulle. Abonnement : France **8** fr.; Etranger.......... **10** fr.

Information Photographique (L') Revue Mensuelle du Commerce et de l'Industrie photographiques. Organe de renseignements commerciaux et industriels, destiné à favoriser le développement de l'Industrie photographique en France. Abonnement : France **5** fr.; Etranger....................................... **10** fr.

Agenda du Photographe Technique littéraire, humoristique, paraît tous les ans depuis 1895, et forme un volume in-8 jésus de 200 pages très illustré. Prix **1** fr.; franco................ **1** fr. **50**

Tout-Photo Annuaire des Amateurs de Photographie. Comporte environ 10.000 adresses. Fait suite à l'Agenda du Photographe.

Annuaires Charles-Mendel Annuaires du Commerce et de l'Industrie photographiques et cinématographiques.

Sur demande, des numéros sont adressés à titre de Spécimens.

AGENCEMENTS GÉNÉRAUX

DE MAGASINS -- BUREAUX -- SALLES DE CONCERTS
CINÉMAS -- THÉATRES, ETC.

ÉT^{ts} JACOPOZZI

Boulevard Saint=Martin, Rue de Bondy, 44

Téléphone Nord 33-90   **PARIS**   Téléphone Nord 33-90

Maçonnerie	
Charpente	
Serrurerie	
Plomberie	
Électricité	
Peinture	
Vitrerie	
Sculpture	
Menuiserie	
Étalages	
Chauffage	
Décoration	
Tapisserie	
Ameublement	
etc.	

RÉFÉRENCES

CINÉMA des Nouveautés
AUBERT-PALACE
24, Boulevard des Italiens
— ORDENER-
LA CHAPELLE
77, rue de La Chapelle
— PASSY-CINÉMA
22, rue de Passy
— GAITÉ-CINÉMA
Rue de la Gaîté
— La SEMEUSE MODERNE
à Brest
— AMÉRIC-CINÉMA
— CINÉMA DES FLEURS
Etc.

Les Établissements **JACOPOZZI** construisent les salles de **CINÉMA** à forfait, clef en main.

Ils se chargent de la transformation ou installation complète de Magasins, Appartements, etc.

Appareils RADIGUET & MASSIOT

POUR LA

Réception des Ondes ❦ ❦
❦ ❦ *et Signaux Horaires*

que transmet chaque jour la Tour Eiffel par T. S F.

Détecteur électrolytique, simple	6 fr.
— — selon le capitaine Ferrié.	12 »
Potentiomètre à 1 curseur, pour un rayon de 150 kilom. . .	10 »
— plus grand à 2 — — supérieur.	28 »
Bobine d'accord réglable, s'ajoutant à ce dernier pour distances supérieures à 400 kilomètres et pour écouter d'autres émissions que la Tour Eiffel.	60 »
Ecouteur téléphonique, modèle courant . . . . 6, 8, et 10	»
— — plus soigné à manche . . . 15, 18 et 20	»
— — avec serre-tête. . . . . 25 et 40	»
Condensateur T. S. F., simple. . . . . depuis 1 25	
— réglable . . . . — 10	»
Poste horaire mural, sans réglage, pour Paris.	30 »
— — avec potentiomètre, pour 150 kilom. 40	»
— — — grand modèle.. 60	»
Batterie de Piles de rechange pour poste horaire	1 »

(On peut employer 3 piles sèches ou 1 accumulat.ur de 4 volts)

L'installation d'un poste est très simple. Il suffit d'avoir un fil électrique allongé à l'intérieur ou à l'extérieur pour établir une antenne, et un autre fil relié à une canalisation d'eau, ou enfoui en terrain humide, pour constituer la Terre ; ces fils sont reliés aux bornes respectives sur le poste ou aux appareils selon schéma.

Écrire à RADIGUET et MASSIOT

G. MASSIOT, Succr

CONSTRUCTEUR D'INSTRUMENTS POUR LES SCIENCES

PARIS (IIIᵉ), 13 et 15, Boulevard des Filles-du-Calvaire, PARIS (IIIᵉ)

Exploitants de Cinémas!

Transformez le courant alternatif pour votre arc en courant continu avec le

Redresseur=Tourneur

SYSTÈME SOULIER

Minimum de dépense de courant. Rendement : 90 %. Encombrement et poids très réduits. Se place dans la cabine de l'opérateur. Mise en marche immédiate. Frais d'installation infime. Livraison très rapide. Modèles pour 40, 60 et 100 ampères.

Société Anonyme

DES

APPAREILS ÉCONOMIQUES D'ÉLECTRICITÉ

CAPITAL : 100.000 FRANCS

50, rue Taitbout, PARIS — Téléph. : Gut. 24=80

Le seul Journal Français

·÷· MENSUEL ·÷·

d'Informations Cinématographiques

CINÉMA-REVUE

☞ *Tient ses lecteurs au courant de TOUT ce qui se produit en Cinématographie.*

☞ *Annonce les NOUVEAUTÉS*
Donne TOUS CONSEILS

RÉPOND à tout
RENSEIGNE sur tout

☞ *Insère GRACIEUSEMENT*
OFFRES et DEMANDES
d'Emplois

❖❖❖❖❖❖❖❖❖❖❖❖❖❖❖❖❖❖❖❖❖❖❖❖❖❖❖❖❖❖❖❖

ABONNEMENT :   **BUREAUX** ·

Un An. France 3 fr. ; Étr. 3 fr. 75   118, Rue d'Assas, **PARIS**

LA ROCHE-SUR-YON. — IMP. CENT. DE L'OUEST

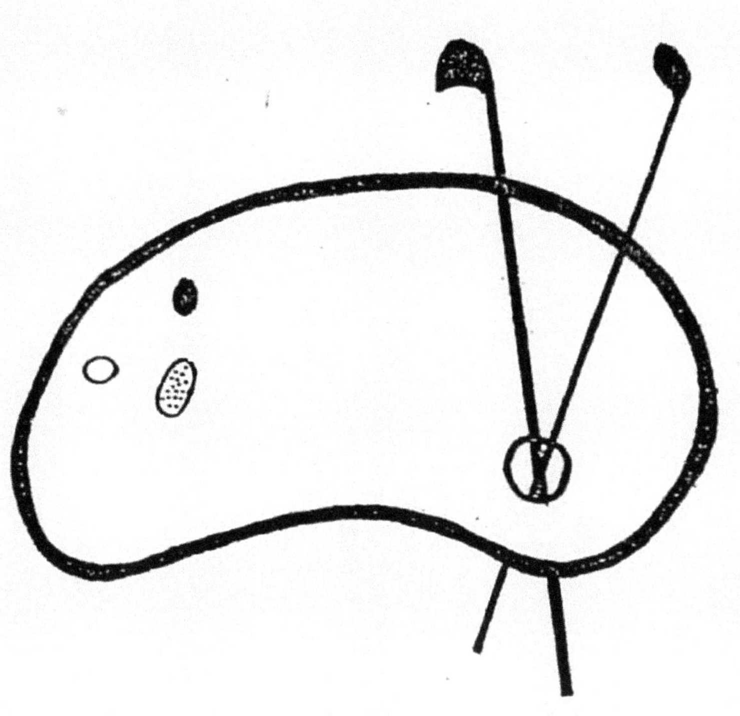

ORIGINAL EN COULEUR

NF Z 43-120-8

RED. :

15

graphicom

MIRE ISO N° 1
NF Z 43-007
AFNOR
Cedex 7 - 92080 PARIS LA DEFENSE

BIBLIOTHÈQUE NATIONALE

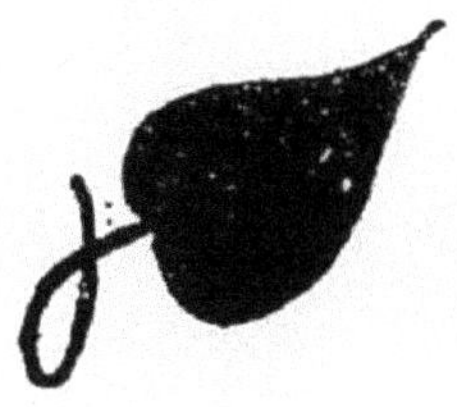

CHÂTEAU
de
SABLÉ

1991

www.ingramcontent.com/pod-product-compliance
Ingram Content Group UK Ltd.
Pitfield, Milton Keynes, MK11 3LW, UK
UKHW031804170726
13836UKWH00003B/1184